1/2027

Mon Mon Lun Lun Lun	Die Tue Mar Mar Mar	Mit Wed Mer Mer Mie	Don Thu Jeu Gio Jue	Fre Fri Ven Ven Vie	Sam Sat Sam Sab Sáb	Son Sun Dim Dom Dom
				1	2	3
4	5	6	7	8	9	10
11	12	13	14	15	16	17
18	19	20	21	22	23	24
25	26	27	28	29	30	31

2/2027

Mon Mon Lun Lun Lun	Die Tue Mar Mar Mar	Mit Wed Mer Mer Mié	Don Thu Jeu Gio Jue	Fre Fri Ven Ven Vie	Sam Sat Sam Sab Sáb	Son Sun Dim Dom Dom
1	2	3	4	5	6	7
8	9	10	11	12	13	14
15	16	17	18	19	20	21
22	23	24	25	26	27	28

3/2027

Mon Mon Lun Lun Lun	Die Tue Mar Mar Mar	Mit Wed Mer Mer Mié	Don Thu Jeu Gio Jue	Fre Fri Ven Ven Vie	Sam Sat Sam Sab Sáb	Son Sun Dim Dom Dom
1	2	3	4	5	6	7
8	9	10	11	12	13	14
15	16	17	18	19	20	21
22	23	24	25	26	27	28
29	30	31				

4/2027

Mon Mon Lun Lun Lun	Die Tue Mar Mar Mar	Mit Wed Mer Mer Mié	Don Thu Jeu Gio Jue	Fre Fri Ven Ven Vie	Sam Sat Sam Sab Sáb	Son Sun Dim Dom Dom
			1	2	3	4
5	6	7	8	9	10	11
12	13	14	15	16	17	18
19	20	21	22	23	24	25
26	27	28	29	30		

5/2027

Mon Mon Lun Lun Lun	Die Tue Mar Mar Mar	Mit Wed Mer Mer Mié	Don Thu Jeu Gio Jue	Fre Fri Ven Ven Vie	Sam Sat Sam Sab Sáb	Son Sun Dim Dom Dom
					1	2
3	4	5	6	7	8	9
10	11	12	13	14	15	16
17	18	19	20	21	22	23
24	25	26	27	28	29	30
31						

6/2027

Mon Mon Lun Lun Lun	Die Tue Mar Mar Mar	Mit Wed Mer Mer Mié	Don Thu Jeu Gio Jue	Fre Fri Ven Ven Vie	Sam Sat Sam Sab Sáb	Son Sun Dim Dom Dom
	1	2	3	4	5	6
7	8	9	10	11	12	13
14	15	16	17	18	19	20
21	22	23	24	25	26	27
28	29	30				

7/2027

Mon Mon Lun Lun Lun	Die Tue Mar Mar Mar	Mit Wed Mer Mer Mié	Don Thu Jeu Gio Jue	Fre Fri Ven Ven Vie	Sam Sat Sam Sab Sáb	Son Sun Dim Dom Dom
			1	2	3	4
5	6	7	8	9	10	11
12	13	14	15	16	17	18
19	20	21	22	23	24	25
26	27	28	29	30	31	

8/2027

Mon Mon Lun Lun Lun	Die Tue Mar Mar Mar	Mit Wed Mer Mer Mié	Don Thu Jeu Gio Jue	Fre Fri Ven Ven Vie	Sam Sat Sam Sab Sáb	Son Sun Dim Dom Dom
						1
2	3	4	5	6	7	8
9	10	11	12	13	14	15
16	17	18	19	20	21	22
23	24	25	26	27	28	29
30	31					

9/2027

Mon Mon Lun Lun Lun	Die Tue Mar Mar Mar	Mit Wed Mer Mer Mié	Don Thu Jeu Gio Jue	Fre Fri Ven Ven Vie	Sam Sat Sam Sab Sáb	Son Sun Dim Dom Dom
		1	2	3	4	5
6	7	8	9	10	11	12
13	14	15	16	17	18	19
20	21	22	23	24	25	26
27	28	29	30			

10/2027

Mon Mon Lun Lun Lun	Die Tue Mar Mar Mar	Mit Wed Mer Mer Mié	Don Thu Jeu Gio Jue	Fre Fri Ven Ven Vie	Sam Sat Sam Sab Sáb	Son Sun Dim Dom Dom
				1	2	3
4	5	6	7	8	9	10
11	12	13	14	15	16	17
18	19	20	21	22	23	24
25	26	27	28	29	30	31

11/2027

Mon Mon Lun Lun Lun	Die Tue Mar Mar Mar	Mit Wed Mer Mer Mié	Don Thu Jeu Gio Jue	Fre Fri Ven Ven Vie	Sam Sat Sam Sab Sáb	Son Sun Dim Dom Dom
1	2	3	4	5	6	7
8	9	10	11	12	13	14
15	16	17	18	19	20	21
22	23	24	25	26	27	28
29	30					

12/2027

Mon Mon Lun Lun Lun	Die Tue Mar Mar Mar	Mit Wed Mer Mer Mié	Don Thu Jeu Gio Jue	Fre Fri Ven Ven Vie	Sam Sat Sam Sab Sáb	Son Sun Dim Dom Dom
		1	2	3	4	5
6	7	8	9	10	11	12
13	14	15	16	17	18	19
20	21	22	23	24	25	26
27	28	29	30	31		

1.
Eisschollen auf dem See Jökulsárlón, Island
Ice floes on Lake Jökulsárlón, Iceland
Blocs de glace sur le Lac Jökulsárlón, Islande
Lastre di ghiaccio sul Lago Jökulsárlón, Islanda
Foto: VADYM LAVRA/gettyimages

2.
Insel Streymoy, Färöer-Inseln, Dänemark
Streymoy Island, Faroe Islands, Denmark
Île de Streymoy, Îles Féroé, Danemark
Isola di Streymoy, Isole Fær Øer, Danimarca
Foto: Alessio Mesiano/awl-images.com

3.
Windmühle am Thurne River, Norfolk, England, Großbritannien
Thurne Dyke Mill, Norfolk, England, UK
Moulin à vent sur la rivière Thurne, Norfolk, Angleterre, Grande-Bretagne
Mulino a vento sul fiume Thurne, Norfolk, Inghilterra, Gran Bretagna
Foto: Tom Mackie/INTERFOTO

4.
Lupinen im Santa-Lucia-Gebirge, Kalifornien, USA
Lupins in the Santa Lucia Mountains, California, USA
Lupins dans les Monts de Santa Lucia, Californie, États-Unis
Lupini nei Monti di Santa Lucia, California, Stati Uniti
Foto: Jack Yang/500px/gettyimages

5.
Insel Gaztelugatxe, Baskenland, Spanien
Gaztelugatxe Island, Basque Country, Spain
Île de Gaztelugatxe, Pays Basque, Espagne
Isola di Gaztelugatxe, Paesi Baschi, Spagna
Foto: R. Gerth

6.
Kakteen in der Sonora-Wüste, Arizona, USA
Cacti in the Sonoran Desert, Arizona, USA
Cactus au Désert de Sonora, Arizona, États-Unis
Cactus nel Deserto di Sonora, Arizona, Stati Uniti
Foto: Alan Majchrowicz/gettyimages

7.
Sonnenblumenfeld, Toskana, Italien
Sunflower field, Tuscany, Italy
Champ de tournesols, Toscane, Italie
Campo di girasoli, Toscana, Italia
Foto: Leonardo Papera/awl-images.com

8.
Palmenstrand, Malediven
Palm beach, Maldives
Plage avec palmiers, Maldives
Spiaggia con palme, Maldive
Foto: Stefan Hefele · stefan-hefele.de

9.
Zion-Nationalpark, Utah, USA
Zion National Park, Utah, USA
Parc National de Zion, Utah, États-Unis
Parco Nazionale di Zion, Utah, Stati Uniti
Foto: Stefan Hefele · stefan-hefele.de

10.
São Miguel, Azoren, Portugal
São Miguel, Azores, Portugal
São Miguel, Açores, Portugal
São Miguel, Azzorre, Portogallo
Foto: R. Gerth

11.
Lago di Piano, Lombardei, Italien
Lake Piano, Lombardy, Italy
Lac de Piano, Lombardie, Italie
Lago di Piano, Lombardia, Italia
Foto: ClickAlps/awl-images.com

12.
Sonnenuntergang in den Karpaten, Ukraine
Sunset over the Carpathian Mountains, Ukraine
Coucher de soleil sur les Carpates, Ukraine
Tramonto sui Carpazi, Ucraina
Foto: Ivan Kmit/gettyimages

AF846163

JANUAR 2027

January Janvier Gennaio Enero

	MONTAG Monday · Lundi Lunedì · Lunes	DIENSTAG Tuesday · Mardi Martedì · Martes	MITTWOCH Wednesday · Mercredi Mercoledì · Miércoles	DONNERSTAG Thursday · Jeudi Giovedì · Jueves	FREITAG Friday · Vendredi Venerdì · Viernes	SAMSTAG Saturday · Samedi Sabato · Sábado	SONNTAG Sunday · Dimanche Domenica · Domingo
WOCHE 53 Week · Semaine Settimana · Semana	12/2026 (see below)	Notizen | NOTES | APPUNTI | NOTAS			1 Neujahr (D)(A)(CH)	2	3
WOCHE 1 Week · Semaine Settimana · Semana	4	5	*6 Hl. Drei Könige (D)(A)(CH)	● 7	8	9	10
WOCHE 2 Week · Semaine Settimana · Semana	11	12	13	14	☽ 15	16	17
WOCHE 3 Week · Semaine Settimana · Semana	18	19	20	21	○ 22	23	24
WOCHE 4 Week · Semaine Settimana · Semana	25	26	27	28	☾ 29	30	31

12/2026

49		1	2	3	4	5	6
50	7	8	9	10	11	12	13
51	14	15	16	17	18	19	20
52	21	22	23	24	25	26	27
53	28	29	30	31			

Notizen | NOTES | APPUNTI | NOTAS

1. New Year (GB) · Nouvel an (F)(CH) · Capodanno (I)(CH) · Año Nuevo (E)

6. Épiphanie (CH) · Epifania (I)(CH) · Epifanía del Señor (E)

*Feiertag in Baden-Württemberg, Bayern, Sachsen-Anhalt

2/2027

5	1	2	3	4	5	6	7
6	8	9	10	11	12	13	14
7	15	16	17	18	19	20	21
8	22	23	24	25	26	27	28

FEBRUAR 2027

February Février Febbraio Febrero

MONTAG Monday • Lundi Lunedì • Lunes	DIENSTAG Tuesday • Mardi Martedì • Martes	MITTWOCH Wednesday • Mercredi Mercoledì • Miércoles	DONNERSTAG Thursday • Jeudi Giovedì • Jueves	FREITAG Friday • Vendredi Venerdì • Viernes	SAMSTAG Saturday • Samedi Sabato • Sábado	SONNTAG Sunday • Dimanche Domenica • Domingo

1/2027

53					1	2	3
1	4	5	6	7	8	9	10
2	11	12	13	14	15	16	17
3	18	19	20	21	22	23	24
4	25	26	27	28	29	30	31

Notizen | NOTES | APPUNTI | NOTAS

	MONTAG	DIENSTAG	MITTWOCH	DONNERSTAG	FREITAG	SAMSTAG	SONNTAG
WOCHE 5 Week • Semaine Settimana • Semana	1	2	3	4	5	● 6	7
WOCHE 6 Week • Semaine Settimana • Semana	8 Rosenmontag	9 Faschingsdienstag	10 Aschermittwoch	11	12	13	☽ 14 Valentinstag
WOCHE 7 Week • Semaine Settimana • Semana	15	16	17	18	19	20	○ 21
WOCHE 8 Week • Semaine Settimana • Semana	22	23	24	25	26	27	☾ 28

Notizen | NOTES | APPUNTI | NOTAS

3/2027

9	1	2	3	4	5	6	7
10	8	9	10	11	12	13	14
11	15	16	17	18	19	20	21
12	22	23	24	25	26	27	28
13	29	30	31				

MÄRZ 2027

March Mars Marzo Marzo

	MONTAG Monday · Lundi Lunedì · Lunes	DIENSTAG Tuesday · Mardi Martedì · Martes	MITTWOCH Wednesday · Mercredi Mercoledì · Miércoles	DONNERSTAG Thursday · Jeudi Giovedì · Jueves	FREITAG Friday · Vendredi Venerdì · Viernes	SAMSTAG Saturday · Samedi Sabato · Sábado	SONNTAG Sunday · Dimanche Domenica · Domingo

2/2027

5	1	2	3	4	5	6	7
6	8	9	10	11	12	13	14
7	15	16	17	18	19	20	21
8	22	23	24	25	26	27	28

Notizen | NOTES | APPUNTI | NOTAS

	MONTAG	DIENSTAG	MITTWOCH	DONNERSTAG	FREITAG	SAMSTAG	SONNTAG
WOCHE 9 Week · Semaine Settimana · Semana	1	2	3	4	5	6	7
WOCHE 10 Week · Semaine Settimana · Semana	●*8 Frauentag (D)	9	10	11	12	13	14
WOCHE 11 Week · Semaine Settimana · Semana	☽15	16	17	18	19	20 Frühlingsanfang	21
WOCHE 12 Week · Semaine Settimana · Semana	○22	23	24	25	26 Karfreitag (D) (CH)	27	28 Beginn der Sommerzeit[1)] Ostersonntag (D) (A) (CH)
WOCHE 13 Week · Semaine Settimana · Semana	29 Ostermontag (D) (A) (CH)	☾30	31				

25. Jueves Santo (E)

26. Good Friday (GB) · Vendredi Saint (CH)
Venerdì Santo (CH) · Viernes Santo (E)

28. Easter (GB) · Pâques (F) (CH) · Pasqua (I) (CH) · Pascua (E)

29. Easter Monday (GB) · Lunci de Pâques (F) (CH)
Lunedì di Pasqua (I) (CH) · Lunes de Pascua (E)

*Feiertag in Berlin, Mecklenburg-Vorpommern

1) Bei Redaktionsschluss (06/2025) lag noch keine Entscheidung zur Zeitumstellung vor.

4/2027

13				1	2	3	4
14	5	6	7	8	9	10	11
15	12	13	14	15	16	17	18
16	19	20	21	22	23	24	25
17	26	27	28	29	30		

APRIL 2027

April Avril Aprile Abril

	MONTAG Monday · Lundi Lunedì · Lunes	DIENSTAG Tuesday · Mardi Martedì · Martes	MITTWOCH Wednesday · Mercredi Mercoledì · Miércoles	DONNERSTAG Thursday · Jeudi Giovedì · Jueves	FREITAG Friday · Vendredi Venerdì · Viernes	SAMSTAG Saturday · Samedi Sabato · Sábado	SONNTAG Sunday · Dimanche Domenica · Domingo
WOCHE 13 Week · Semaine Settimana · Semana	3/2027	Notizen | NOTES | APPUNTI | NOTAS		1	2	3	4
WOCHE 14 Week · Semaine Settimana · Semana	5	6	● 7	8	9	10	11
WOCHE 15 Week · Semaine Settimana · Semana	12	13	☽ 14	15	16	17	18
WOCHE 16 Week · Semaine Settimana · Semana	19	20	○ 21	22	23	24	25
WOCHE 17 Week · Semaine Settimana · Semana	26	27	☾ 28	29	30	Notizen | NOTES | APPUNTI | NOTAS	

3/2027

9	1	2	3	4	5	6	7
10	8	9	10	11	12	13	14
11	15	16	17	18	19	20	21
12	22	23	24	25	26	27	28
13	29	30	31				

25. Liberazione Italia ⓘ

5/2027

17						1	2
18	3	4	5	6	7	8	9
19	10	11	12	13	14	15	16
20	17	18	19	20	21	22	23
21	24	25	26	27	28	29	30
22	31						

MAI 2027

May Mai Maggio Mayo

	MONTAG Monday · Lundi Lunedì · Lunes	DIENSTAG Tuesday · Mardi Martedì · Martes	MITTWOCH Wednesday · Mercredi Mercoledì · Miércoles	DONNERSTAG Thursday · Jeudi Giovedì · Jueves	FREITAG Friday · Vendredi Venerdì · Viernes	SAMSTAG Saturday · Samedi Sabato · Sábado	SONNTAG Sunday · Dimanche Domenica · Domingo
WOCHE 17 Week · Semaine Settimana · Semana	4/2027	Notizen | NOTES | APPUNTI | NOTAS				1 Maifeiertag (D)(A)(CH)	2
WOCHE 18 Week · Semaine Settimana · Semana	3	4	5	6 Christi Himmelfahrt (D)(A)(CH)	7	8	9 Muttertag
WOCHE 19 Week · Semaine Settimana · Semana	10	11	12	13	14	15	16 Pfingstsonntag (D)(A)(CH)
WOCHE 20 Week · Semaine Settimana · Semana	17 Pfingstmontag (D)(A)(CH)	18	19	20	21	22	23
WOCHE 21 Week · Semaine Settimana · Semana	24	25	26	*27 Fronleichnam (D)(A)(CH)	28	29	30
WOCHE 22 Week · Semaine Settimana · Semana	31	Notizen | NOTES | APPUNTI | NOTAS					

4/2027

13				1	2	3	4
14	5	6	7	8	9	10	11
15	12	13	14	15	16	17	18
16	19	20	21	22	23	24	25
17	26	27	28	29	30		

1. Fête du travail (F)(CH) · Festa del lavoro (I)(CH) · Fiesta del Trabajo (E)
3. Early May (GB)
6. Ascension (F)(CH) · Ascensione (CH)
8. Commémoration Armistice 1945 (F)
16. Pentecôte (F)(CH) · Pentecoste (I)(CH)
17. Lundi de Pentecôte (F)(CH) · Lunedì di Pentecoste (CH)
27. Fête-Dieu (CH) · Corpus Domini (CH)
31. Spring Bank Holiday (GB)

*Feiertag in Baden-Württemberg, Bayern, Hessen, Nordrhein-Westfalen, Rheinland-Pfalz, Saarland, Sachsen (teilweise), Thüringen (teilweise)

6/2027

22		1	2	3	4	5	6
23	7	8	9	10	11	12	13
24	14	15	16	17	18	19	20
25	21	22	23	24	25	26	27
26	28	29	30				

JUNI 2027

June Juin Giugno Junio

	MONTAG Monday · Lundi Lunedì · Lunes	DIENSTAG Tuesday · Mardi Martedì · Martes	MITTWOCH Wednesday · Mercredi Mercoledì · Miércoles	DONNERSTAG Thursday · Jeudi Giovedì · Jueves	FREITAG Friday · Vendredi Venerdì · Viernes	SAMSTAG Saturday · Samedi Sabato · Sábado	SONNTAG Sunday · Dimanche Domenica · Domingo
WOCHE 22 Week · Semaine Settimana · Semana	5/2027	1	2	3	● 4	5	6
WOCHE 23 Week · Semaine Settimana · Semana	7	8	9	10	☽ 11	12	13
WOCHE 24 Week · Semaine Settimana · Semana	14	15	16	17	18	○ 19	20
WOCHE 25 Week · Semaine Settimana · Semana	21 Sommeranfang	22	23	24	25	26	☾ 27
WOCHE 26 Week · Semaine Settimana · Semana	28	29	30	Notizen | NOTES | APPUNTI | NOTAS			

5/2027

17						1	2
18	3	4	5	6	7	8	9
19	10	11	12	13	14	15	16
20	17	18	19	20	21	22	23
21	24	25	26	27	28	29	30
22	31						

2. Festa della Repubblica Italia ⓘ

7/2027

26				1	2	3	4
27	5	6	7	8	9	10	11
28	12	13	14	15	16	17	18
29	19	20	21	22	23	24	25
30	26	27	28	29	30	31	

JULI 2027
July Juillet Luglio Julio

	MONTAG Monday · Lundi Lunedì · Lunes	DIENSTAG Tuesday · Mardi Martedì · Martes	MITTWOCH Wednesday · Mercredi Mercoledì · Miércoles	DONNERSTAG Thursday · Jeudi Giovedì · Jueves	FREITAG Friday · Vendredi Venerdì · Viernes	SAMSTAG Saturday · Samedi Sabato · Sábado	SONNTAG Sunday · Dimanche Domenica · Domingo
WOCHE 26 Week · Semaine Settimana · Semana	6/2027 (see below)	Notizen | NOTES | APPUNTI | NOTAS		1	2	3	● 4
WOCHE 27 Week · Semaine Settimana · Semana	5	6	7	8	9	☽ 10	11
WOCHE 28 Week · Semaine Settimana · Semana	12	13	14	15	16	17	○ 18
WOCHE 29 Week · Semaine Settimana · Semana	19	20	21	22	23	24	25
WOCHE 30 Week · Semaine Settimana · Semana	☾ 26	27	28	29	30	31	

6/2027

22		1	2	3	4	5	6
23	7	8	9	10	11	12	13
24	14	15	16	17	18	19	20
25	21	22	23	24	25	26	27
26	28	29	30				

Notizen | NOTES | APPUNTI | NOTAS

14. Fête nationale (F)

8/2027

30							1
31	2	3	4	5	6	7	8
32	9	10	11	12	13	14	15
33	16	17	18	19	20	21	22
34	23	24	25	26	27	28	29
35	30	31					

AUGUST 2027

August Août Agosto Agosto

	MONTAG Monday · Lundi Lunedì · Lunes	DIENSTAG Tuesday · Mardi Martedì · Martes	MITTWOCH Wednesday · Mercredi Mercoledì · Miércoles	DONNERSTAG Thursday · Jeudi Giovedì · Jueves	FREITAG Friday · Vendredi Venerdì · Viernes	SAMSTAG Saturday · Samedi Sabato · Sábado	SONNTAG Sunday · Dimanche Domenica · Domingo
WOCHE 30 Week · Semaine Settimana · Semana	7/2027 (see below)	Notizen | NOTES | APPUNTI | NOTAS					1
WOCHE 31 Week · Semaine Settimana · Semana	●2	3	4	5	6	7	8
WOCHE 32 Week · Semaine Settimana · Semana	☽9	10	11	12	13	14	*15 Mariä Himmelfahrt (D)(A)(CH)
WOCHE 33 Week · Semaine Settimana · Semana	16	○17	18	19	20	21	22
WOCHE 34 Week · Semaine Settimana · Semana	23	24	☾25	26	27	28	29
WOCHE 35 Week · Semaine Settimana · Semana	30	●31					9/2027 (see below)

7/2027

26				1	2	3	4
27	5	6	7	8	9	10	11
28	12	13	14	15	16	17	18
29	19	20	21	22	23	24	25
30	26	27	28	29	30	31	

1. Bundesfeiertag (CH) · Fête nationale suisse (CH) · Festa nazionale svizzera (CH)
15. Assomption (F)(CH) · Ferragosto (I)(CH) · Asunción de la Virgen (E)
30. Summer Bank Holiday (GB)

*Feiertag in Bayern (teilweise), Saarland

9/2027

35			1	2	3	4	5
36	6	7	8	9	10	11	12
37	13	14	15	16	17	18	19
38	20	21	22	23	24	25	26
39	27	28	29	30			

SEPTEMBER 2027

September Septembre Settembre Septiembre

	MONTAG Monday · Lundi Lunedì · Lunes	DIENSTAG Tuesday · Mardi Martedì · Martes	MITTWOCH Wednesday · Mercredi Mercoledì · Miércoles	DONNERSTAG Thursday · Jeudi Giovedì · Jueves	FREITAG Friday · Vendredi Venerdì · Viernes	SAMSTAG Saturday · Samedi Sabato · Sábado	SONNTAG Sunday · Dimanche Domenica · Domingo
WOCHE 35 Week · Semaine Settimana · Semana			1	2	3	4	5
WOCHE 36 Week · Semaine Settimana · Semana	6	☽7	8	9	10	11	12
WOCHE 37 Week · Semaine Settimana · Semana	13	14	15	○16	17	18	19
WOCHE 38 Week · Semaine Settimana · Semana	*20 Weltkindertag (D)	21	22	☾23 Herbstanfang	24	25	26
WOCHE 39 Week · Semaine Settimana · Semana	27	28	29	●30			

8/2027

30							1
31	2	3	4	5	6	7	8
32	9	10	11	12	13	14	15
33	16	17	18	19	20	21	22
34	23	24	25	26	27	28	29
35	30	31					

Notizen | NOTES | APPUNTI | NOTAS

19. Eidg. Bettag (CH) · Jeûne fédéral (CH) · Digiuno federale (CH)

*Feiertag in Thüringen

10/2027

39					1	2	3
40	4	5	6	7	8	9	10
41	11	12	13	14	15	16	17
42	18	19	20	21	22	23	24
43	25	26	27	28	29	30	31

OKTOBER 2027

October Octobre Ottobre Octubre

	MONTAG Monday · Lundi Lunedì · Lunes	DIENSTAG Tuesday · Mardi Martedì · Martes	MITTWOCH Wednesday · Mercredi Mercoledì · Miércoles	DONNERSTAG Thursday · Jeudi Giovedì · Jueves	FREITAG Friday · Vendredi Venerdì · Viernes	SAMSTAG Saturday · Samedi Sabato · Sábado	SONNTAG Sunday · Dimanche Domenica · Domingo
WOCHE 39 Week · Semaine Settimana · Semana	9/2027 35 1 2 3 4 5 36 6 7 8 9 10 11 12 37 13 14 15 16 17 18 19 38 20 21 22 23 24 25 26 39 27 28 29 30	Notizen | NOTES | APPUNTI | NOTAS			1	2	3 Tag der Dt. Einheit Ⓓ
WOCHE 40 Week · Semaine Settimana · Semana	4	5	6	☽ 7	8	9	10
WOCHE 41 Week · Semaine Settimana · Semana	11	12	13	14	○ 15	16	17
WOCHE 42 Week · Semaine Settimana · Semana	18	19	20	21	☾ 22	23	24
WOCHE 43 Week · Semaine Settimana · Semana	25	26	27	28	● 29	30	*31 Ende der Sommerzeit[1] Reformationstag Ⓓ

Notizen | NOTES | APPUNTI | NOTAS

12. Fiesta Nacional de España Ⓔ

26. Nationalfeiertag Ⓐ

*Feiertag in Brandenburg, Bremen, Hamburg, Mecklenburg-Vorpommern, Niedersachsen, Sachsen, Sachsen-Anhalt, Schleswig-Holstein, Thüringen

[1] Bei Redaktionsschluss (06/2025) lag noch keine Entscheidung zur Zeitumstellung vor.

11/2027

44	1	2	3	4	5	6	7
45	8	9	10	11	12	13	14
46	15	16	17	18	19	20	21
47	22	23	24	25	26	27	28
48	29	30					

NOVEMBER 2027

November Novembre Novembre Noviembre

10/2027

39					1	2	3
40	4	5	6	7	8	9	10
41	11	12	13	14	15	16	17
42	18	19	20	21	22	23	24
43	25	26	27	28	29	30	31

Notizen | NOTES | APPUNTI | NOTAS

	MONTAG Monday · Lundi Lunedì · Lunes	DIENSTAG Tuesday · Mardi Martedì · Martes	MITTWOCH Wednesday · Mercredi Mercoledì · Miércoles	DONNERSTAG Thursday · Jeudi Giovedì · Jueves	FREITAG Friday · Vendredi Venerdì · Viernes	SAMSTAG Saturday · Samedi Sabato · Sábado	SONNTAG Sunday · Dimanche Domenica · Domingo
WOCHE 44 Week · Semaine Settimana · Semana	*1 Allerheiligen (D)(A)(CH)	2	3	4	5	☽6	7
WOCHE 45 Week · Semaine Settimana · Semana	8	9	10	11	12	13	○14
WOCHE 46 Week · Semaine Settimana · Semana	15	16	**17 Buß- und Bettag (D)	18	19	20	☾21
WOCHE 47 Week · Semaine Settimana · Semana	22	23	24	25	26	27	●28 1. Advent
WOCHE 48 Week · Semaine Settimana · Semana	29	30					

1. Toussaint (F)(CH) · Ognissarti (I)(CH) · Todos los Santos (E)

11. Commémoration Armistice 1918 (F)

*Feiertag in Baden-Württemberg, Bayern, Nordrhein-Westfalen, Rheinland-Pfalz, Saarland

**Feiertag in Sachsen

12/2027

48			1	2	3	4	5
49	6	7	8	9	10	11	12
50	13	14	15	16	17	18	19
51	20	21	22	23	24	25	26
52	27	28	29	30	31